casas 20 houses

casas 20 houses

carranza y ruiz arquitectos

autores - *authors:*
Alex Carranza Valles & Gerardo Ruiz Díaz

editores - *editors:*
Fernando de Haro & Omar Fuentes

diseño y producción editorial
editorial design & production:
AM Editores S.A. de C.V.

dirección del proyecto - *project managers:*
Valeria Degregorio Vega y Tzacil Cervantes Ortega

coordinación - *coordination:*
Edali Nuñez Daniel

texto original - *original text:*
Roxana Villalobos

traducción - *translation:*
Louis Loizides

Carranza y Ruiz Arquitectos S.A. de C.V.
Av. de la Palma No. 8 Desp. 502, Piso 5,
Interlomas la Herradura,
C.P. 52787, Huixquilucan, Edo. de México,
Tels. 52(55) 5290-2829 / 52(55) 5290-7867
acv@tarme.com
grd@tarme.com
www.tarme.com

AM Editores S.A. de C.V.
Paseo de Tamarindos #400-B suite 102,
Col. Bosques de las Lomas, C.P. 05120, México D.F.,
Tel. 52(55) 5258-0279 Fax. 52(55) 5258-0556
ame@ameditores.com
www.ameditores.com

casas 20 houses

1a. Edición / *1st. Edition*
ISBN español 978 970 9726 87 9
ISBN inglés 978 970 9726 88 6

Impreso en China / *Printed in China.*

EDITORES

Uno de los principales propósitos de la arquitectura es exaltar el drama de la vida. Por ello debe producir espacios articulados que refuercen el contenido emocional del acto particular de vivir.
Edmund Bacon

introducción

Decidimos utilizar estas primeras páginas para acercarnos a quien tenga este libro entre sus manos. Sentimos que la mejor forma de hacerlo es describiendo cómo diseñamos, cómo entendemos el espacio, qué es para nosotros lo esencial de la arquitectura y cuál su finalidad. Asimismo, a lo largo de la edición iremos relatando nuestras experiencias en cada uno de los proyectos.

Casualmente y sin buscarlo la vida definió que hasta ahora nuestro desarrollo profesional estuviera focalizado en la casa habitación; así, el usuario de nuestros proyectos, como comúnmente se le llama en el gremio de la arquitectura a quien usará el espacio intervenido, no es para nosotros propiamente un usuario, sino un habitante. Por ello, cuando un encargo llega a nuestro taller lo primero que hacemos es conversar largamente con los clientes hasta identificar con precisión sus necesidades, analizar las posibilidades reales y llegar a los acuerdos iniciales. Interactuamos con ellos más allá de lo que suelen hacerlo la mayor parte de los arquitectos, nos gusta saber cómo han sido los espacios que han habitado, qué les molesta, cuáles son sus preferencias y les extendemos una franca invitación a involucrarse en la propuesta. Así, creamos con los futuros habitantes una relación de mutuo entendimiento que, junto con una dosis de intuición, le viene muy bien al proyecto.

Uno de los momentos más excitantes del trabajo es el encuentro con el espacio. La visita al terreno tiene un triple sentido: sensibilización, entendimiento y estudio. Nos es tan valioso familiarizarnos con su topografía como con las distintas intensidades con las que los rayos del sol lo penetran a lo largo del día o con su microclima, entre un sinfín de factores. A este proceso le siguen horas de exploraciones y ensayos a mano alzada, hasta que surgen los primeros esbozos. El repaso de ideas, de las individuales y de las de conjunto, se vuelve una experiencia habitual y sin horario. Pensar el proyecto nos genera emociones indescriptibles.

Ya en la fase de desarrollo comienza la práctica de construir y deconstruir, que finaliza cuando el diseño alcanza su madurez. No deconstruimos para destruir lo que hicimos, sino para examinarlo, para afianzar o modificar la idea, para ver cómo encajan las divisiones espaciales, cómo se articulan las secuencias y recorridos, o para percibir qué dejamos oculto al trazar las líneas que definen los espacios. Esta manera de trabajar nos ha ayudado a evitar que existan dudas o pensamientos tambaleantes en períodos avanzados y a edificar obras provenientes de ideas muy revisadas.

Aunque el proceso hasta aquí comentado parezca desprenderse de una metodología, en realidad es resultado de una combinación de instinto, razonamiento y experiencia.

El paso que sigue es puntualizar, en lo posible, los elementos de composición. No somos arquitectos que pretendan un estilo definido, nos gusta experimentar y no repetirnos. Somos, además, incansables buscadores de los elementos que le pertenecen a cada espacio; creemos que nuestra labor es reconocerlos, sentirlos, determinarlos, dosificarlos y acomodarlos; aunque a veces sea necesario mandarlos a fabricar, inventar o traerlos de un lugar lejano. Esta es la razón por la que algunos de ellos son muy originales o a veces resueltos de modo artesanal. En otras palabras, consideramos a cada proyecto único, con requerimientos y soluciones propias.

Desde luego, estamos conscientes de que los elementos compositivos esenciales de la arquitectura le pertenecen al espacio, cualquiera que éste sea. La luz, la sombra, el contexto... son componentes espaciales; nuestra tarea es interpretarlos, enfatizarlos y jugar con ellos a través de combinaciones de volúmenes, materiales, formas, texturas, colores... Por ello, hay elementos en nuestra arquitectura que se confunden con su ser mismo. Éste sería un rasgo distintivo en nuestras obras; desciframos y aprovechamos la calidad y las cualidades naturales del espacio para crear arquitectura, ambientes y sensaciones. Es por ello que desde el arranque del proyecto nos situamos nosotros mismos dentro del espacio, lo habitamos desde que lo pensamos, y nunca trabajamos como escultores desde afuera hacia adentro, proyectamos desde el interior, desde el habitar.

Hemos creado nuestras propias máximas en torno al habitar, que van más allá de contar con espacios confortables, cómodos, funcionales y estéticos; el simple hecho de obligar a la gente a entrar por el vestíbulo a su casa, de bañarse con los rayos del sol sobre su cuerpo, de hacer de cada ventana un paisaje o de gozar del calor de una chimenea al aire libre, son buenos ejemplos de lo que consideramos saber habitar.

Profesionalmente, pocas cosas dan tanta satisfacción como construir lo que se proyectó. Nosotros lo hacemos, y ello nos permite seguir rectificando y tener controlados todos los procesos, particularmente los relacionados con los acabados y el cuidado en el detalle. Hay diseños que lucen en el papel, pero que pierden su encanto por la forma en que en la práctica fueron resueltos. Durante ambas etapas, proyecto y construcción, procuramos una relación muy cercana con quienes morarán en la vivienda, compartir la información nos hace sentir cómodos a todos; al cliente le da confianza y a nosotros nos facilita el trabajo.

Como se podrá inferir de este texto, disfrutamos nuestra profesión. Tarme, el taller que fundamos desde 1982, es solamente el vehículo para que sigamos haciendo lo que nos gusta; es la habitación donde se gestaron los veinte hogares que presentamos en esta edición y muchos más que están habitados y que nosotros albergamos en el corazón.

Alex Carranza Valles y Gerardo Ruiz Díaz

One of the main goals of architecture is to honor the drama of life. This is why it must create articulated areas that reinforce the emotional content of the particular act of living.
Edmund Bacon

introduction

We decided to use the first few pages of this book to create a rapport with our readers, and we felt the best way to do this was to explain how we conceive and design space, wherein lies the very essence of architecture, and what its purpose is. In this book we outline our experiences in each of the projects shown.

It has been by a mere quirk of fate, rather than design, that our professional career has so far focused on residential homes; we therefore do not see the user of our projects, as we generally refer in the trade to the person who will use a space we have worked on, as a user as such but more as an inhabitant. Because of this, the first thing we do when a work order arrives at our workshop is talk with clients at length to clearly identify what they need, examine real options and reach initial agreements. We interact with our clients far more than most architects do; for instance, we like to know what kind of places clients have lived in previously, what bothers them and what they like. We also encourage them to become involved in the proposal, and this allows us to forge a relationship of mutual understanding with future inhabitants which, when combined with a little intuition, is a great boost for the project.

One of the most exciting moments in our work is our first encounter with the space we will be working on. The purpose of this initial look at the terrain is threefold: sensitization, understanding and study. It is as important for us to become acquainted with the topography as it is to gauge the changing intensity of the sun's rays during the course of the day or the local microclimate, among numerous other things. This stage involves hours of exploration and rough sketches until the initial outlines begin to take shape. The exploration of ideas and of the individual and overall features is standard practice that takes as long as is necessary. Thinking about the project generates some incredible feelings for us.

Construction and deconstruction begin in the development stage and end when the design comes to fruition. We don't deconstruct to destroy what we have already done, but rather to examine it, further it and modify the idea to see how different areas fit together, how the sequences and passages are articulated and what we conceal when we draw the lines that define the spaces in question. This approach helps us overcome any doubts or second thoughts that could arise in the latter stages of the project, as well as to build on the basis of thoroughly explored ideas.

The process as we have described it so far may seem quite methodical, but it is in fact the result of combining instinct, reasoning and experience.

The next step is to specify the different components as far as possible. As architects we do not claim to have a defined style, as we experiment rather than repeat. We also embark upon a relentless quest to find the elements that best suit each space; our task is to recognize, feel, define, finish, quantify and arrange them, even if it is sometimes necessary to have them made, invented or brought over from some distant place. This is why some of them are very original or sometimes defined with craftsmanship. In other words, we regard each project as unique, with its very own requirements and solutions.

We are also fully aware that the basic components of architecture belong to the space, whatever it may be. Light, shade, context, etc. are all spatial components and our task is to interpret them, emphasize them and play with them using combinations of volumes, materials, shapes, textures, colors and so on. This is why some of the elements in our architecture can be confused with their very being. This is a feature that distinguishes our work; we decipher and make the most of the natural quality and attributes of space to create architecture, settings and sensations.

It is because of this that we enter the space from the very outset of the project and experience it from the moment we start thinking about it; we do not work like sculptors, who start on the outside and work their way inwards, we project from the inside, from the living experience.

We have created our own maxims about living in a place, which go way beyond merely having a comfortable, cozy, practical and attractive place to dwell in; simply making people enter their house through the hall, enjoying the sun's rays on their body, turning each window into a stunning landscape or feeling the warmth of an open air chimney are all good examples of what we consider good living.

On a professional level, few things are as satisfying as building something you've projected. This is what we do and it allows us to carry on improving and controlling all the processes, especially those involving the finishes and details. Some designs look great on paper but lose their allure when translated into a practical solution. During both the project and construction stages, our aim is to achieve a close understanding with the people who will live in the home. Sharing information makes everyone feel comfortable; the client trusts us and our job is made easier.

As you can probably tell by now, we enjoy our work. Tarme, the workshop we founded in 1982, is merely a means of allowing us to do what we enjoy doing; it is the base for the creation of twenty homes that we present in this edition, as well as many more that are now being enjoyed by their occupants and which we hold very dearly.

Alex Carranza Valles & Gerardo Ruiz Díaz

Cuando Alex Carranza y Gerardo Ruiz amablemente me pidieron escribir el prólogo para este bello libro, tuvimos una conversación en la que me manifestaron su pasión para crear Arquitectura que cumpliera con los deseos de sus clientes. Lo hicieron con tal entrega, que me vino a la cabeza que quienes opinaran sobre su obra no fuera otro arquitecto sino sus propios clientes, pues de esa manera los lectores tendrían una visión más clara de la forma de pensar y diseñar de Alex y Gerardo.

Les deseo gocen del libro y los escritos de los clientes.
ARQ. RICARDO LEGORRETA

When Alex Carranza and Gerardo Ruiz kindly asked me to write the prologue for this wonderful book, they told me about their great zeal for creating Architecture that satisfied their client's needs. Such was their dedication that it dawned on me that the best people to talk about their work were not other architects but their actual clients, as this would give readers a clearer picture of how Alex and Gerardo think and design.

I hope you enjoy the book and the clients' comments.
RICARDO LEGORRETA ARCHITECT

testimoniales

Los espacios de nuestra vivienda son confortables, amplios y agradables. La fluidez y comunicación entre ellos permite acceder a cada uno sin complicaciones y de forma casi imperceptible; ello nos hace sentir muy cerca de un lugar y otro. El aprovechamiento del espacio y la vista son los mayores aciertos de la casa; la cual da hacia un campo de golf.
El panorama que ofrece la terraza es espectacular; fue tan exacta la forma en que los arquitectos diseñaron este espacio, que los dueños del fraccionamiento querían comprar nuestra casa poco tiempo después de haber sido construida.
Los arquitectos entendieron, enriquecieron y materializaron nuestras necesidades e ideas originales, interpretándolas en un proyecto arquitectónico donde crearon espacios funcionales y cómodos, que hoy vivimos plenamente. Los colores, formas y texturas son sobrios y van de acuerdo con nuestro gusto.

CASA DE LA PLENITUD

Nuestra vivienda tiene espacios con personalidad y calidez. Cada área conforma un ambiente, cuenta una historia y transmite sensaciones. Allí se mezclan los escenarios; es decir, no se trata de límites que surgen de muros, sino de áreas que generan atmósferas, que llegan a dividirse por diferentes ambientes que se viven intensamente. Disfrutamos cada espacio en su totalidad, no tenemos áreas desperdiciadas o subutilizadas, cada una tiene su propósito y su momento. Además, sus espacios son muy prácticos, cálidos y acogedores. Sus dimensiones son las más adecuadas para el número de personas que vivimos ahí. Tanto en el proyecto arquitectónico como en su buena ejecución se interpretaron nuestra forma de vida, pasiones y preferencias, que se transformaron en espacialidad. El mayor acierto del proyecto es lo amigable que es con el entorno exterior y con nuestra forma de vida. Lo que más me gustó es la casita que se encuentra a un costado de la vivienda principal, porque es la que más usamos. Su orientación es extraordinaria y su integración a la vivienda es perfecta.

CASA DEL PORTAL

Nuestra casa es de las más bonitas y mejor proyectadas que conocemos. Estamos satisfechos con lo que logramos en conjunto con los arquitectos. El proyecto arquitectónico representa el 90% del resultado final. En él se plasmaron las bases para la estructuración de los espacios. El vestíbulo es un espacio esencial, a su derredor gira toda la distribución de la casa, la cual tiene pocas divisiones pero bien delimitadas espacialmente. Además, tanto la iluminación, que fue planeada de forma excelsa, como el manejo de las alturas, hacen que los espacios sean sublimes y acogedores.

CASA EN ROJO

Estamos felices, tenemos una casa bien ejecutada en la arquitectura interior, en la que los espacios se integran elegantemente. Tiene magníficos acabados, generosas superficies, una extraordinaria calidad y su escala y proporción reflejan el buen diseño. Es un hogar armónico y bien logrado. Desde el inicio del proyecto resolvimos el concepto básico de acuerdo con la forma en la que queríamos vivir, generando un vínculo en el que se combinan formas, texturas y dimensiones. Fue muy importante que la estructura, la materialidad y la forma de la casa se integraran al entorno donde se ubica nuestra vivienda. Entre los aciertos que mayormente distinguen al proyecto es que responde a nuestras necesidades y gustos.

CASA DE LOS ARDILLONES

Nuestra casa superó a nuestras ilusiones; seguramente ello se debe al equilibrio que mantiene entre funcionalidad, confort y diseño. Es un espacio tan nuestro, que no podemos siquiera pensar en vivir en otro lugar; gozamos cada una de sus áreas. Mucho de lo que nos imaginamos se pudo resolver en la práctica; un ejemplo claro es la unión del pórtico con el área del jardín y el comedor. Los arquitectos conectaron y comunicaron estas zonas mejor de lo que habíamos pensado.

CASA CONVERTIBLE

testimonies

The spaces in our home are comfortable, roomy and pleasant. They are joined together and flow in a way that allows us to move from one area to another with such smoothness that we hardly even notice the change. They make us feel close to both places at once. The way space is used and the views afforded are the pride and joy of the house, which overlooks a golf course. The view from the terrace is breathtaking; the precision with which the architects designed this space is such that the owners of the housing development wanted to buy the house shortly after it had been built.
The architects understood, enriched and crystallized our original ideas and needs in the form of an architectural project based on functional and comfortable areas that we now enjoy to the full. The colors, shapes and textures are toned to suit our own tastes.

HOUSE OF PLENITUDE

Our home boasts areas with personality and warmth. Each space has its very own ambience, tells its own tale and evokes its own sensations. The scenarios have been blended together to do away with limits imposed by walls and instead create areas that generate atmospheres distinguished from each other by different settings that are experienced to the full. We enjoy each space as a whole and there are no underused or squandered areas; each one has a time and a purpose. These spaces are also very practical, warm and inviting. The sizes are just right for the number of people living here. Both the architectural project and the execution took into account our lifestyle, our passions and our tastes, all of which were given a physical expression. The project's crowning glory is the way it blends in with the setting outdoors and our lifestyle. What I liked most was the little house next to the main building, because it is where we spend most of our time. Its orientation is extraordinary and the way it is incorporated into the building is absolutely flawless.

HOUSE OF THE GATE

Our house is one of the quaintest and best planned we have ever seen. We are satisfied with what we managed to achieve together with the architects. The architectural project accounts for 90% of the end result. It set out the basis for structuring the different spaces. The hall plays a vital role as the focal point for the distribution of the house, in which the divisions are few in number but notable in terms of spatial definition. Furthermore, the exquisite lighting and the use of heights afford the different spaces a sublime and enticing quality.

HOUSE IN RED

We are happy. The inside of our house has been very well made and its different areas come together with style.
The finishes are splendid and the surfaces ample, lending the house an extraordinary quality with a scale and proportion borne of sound design work. This house is a harmonious and well-accomplished creation. We defined the basic concept from the outset of the project based on how we wanted to live our lives by bringing together shapes, textures and measurements. It was also very important for the structure, form and materials of the house to blend in with the setting outdoors. The main virtue of the project is that it has been tailor-made to suit our needs and tastes.

HOUSE OF THE GOPHERS

Our house surpassed our expectations because of the way it balances practicality, comfort and design. It feels so much that it's ours that we couldn't even contemplate living anywhere else. We enjoy every corner.
It turned out that most of what we had imagined was feasible in practice, a good illustration of this being how the portico fits in together with the garden and the dining room. The architects joined these areas better than we thought possible.

CONVERTIBLE HOUSE

beginnings

casa de la
terraza
the terraced house

Una familia con hijos pequeños se mudó a Cuernavaca. Adquirió un terreno con topografía descendente, que desnivelamos dos veces. Estos desniveles, junto con el diseño de la casa en forma de "L" , permitieron ubicar en el lado largo el área pública, a 3.20 metros de altura, y en el corto la zona privada a menor escala. Los techos del área pública son de madera brasileña y se sostienen de columnas metálicas, que en realidad son oleoductos reciclados; mientras que el piso es de mármol busardeado. Grandes puertas vidriadas, que al abrirse se ocultan a través de un sistema de cancelerías, y al cerrarse se cubren con persianas enrollables, liberan las vistas hacia la terraza y las áreas verdes. En la terraza hay una chimenea exterior y un canal de nado con sistema telescópico que, por la noche, se convierte en fuente. Por fuera, una barda perimetral y una fuente de acceso se construyeron con piedra hallada en el sitio.

A family with young children moved to Cuernavaca. They bought land on a downward slope that we put on different levels at two points. These split levels, together with the L - shaped design of the house, allowed us to put the visitors' area on the long side, with a height of 10.5 ft, and the smaller private area on the short side. The ceilings of the visitors' area are made of Brazilian timber and are held up by metal columns, which are in actual fact recycled oil pipelines. The floor is made from bush hammered marble. The large glass doors vanish from view when they are opened through a system of screens, and when they close they are covered with rollable blinds, opening up the view of the terrace and green areas. The terrace boasts an outdoor chimney and a narrow pool with a telescopic system that is transformed into a fountain at night. The boundary is provided by a perimeter fence and a path built with stone from the actual site.

casa de la luz

house of light

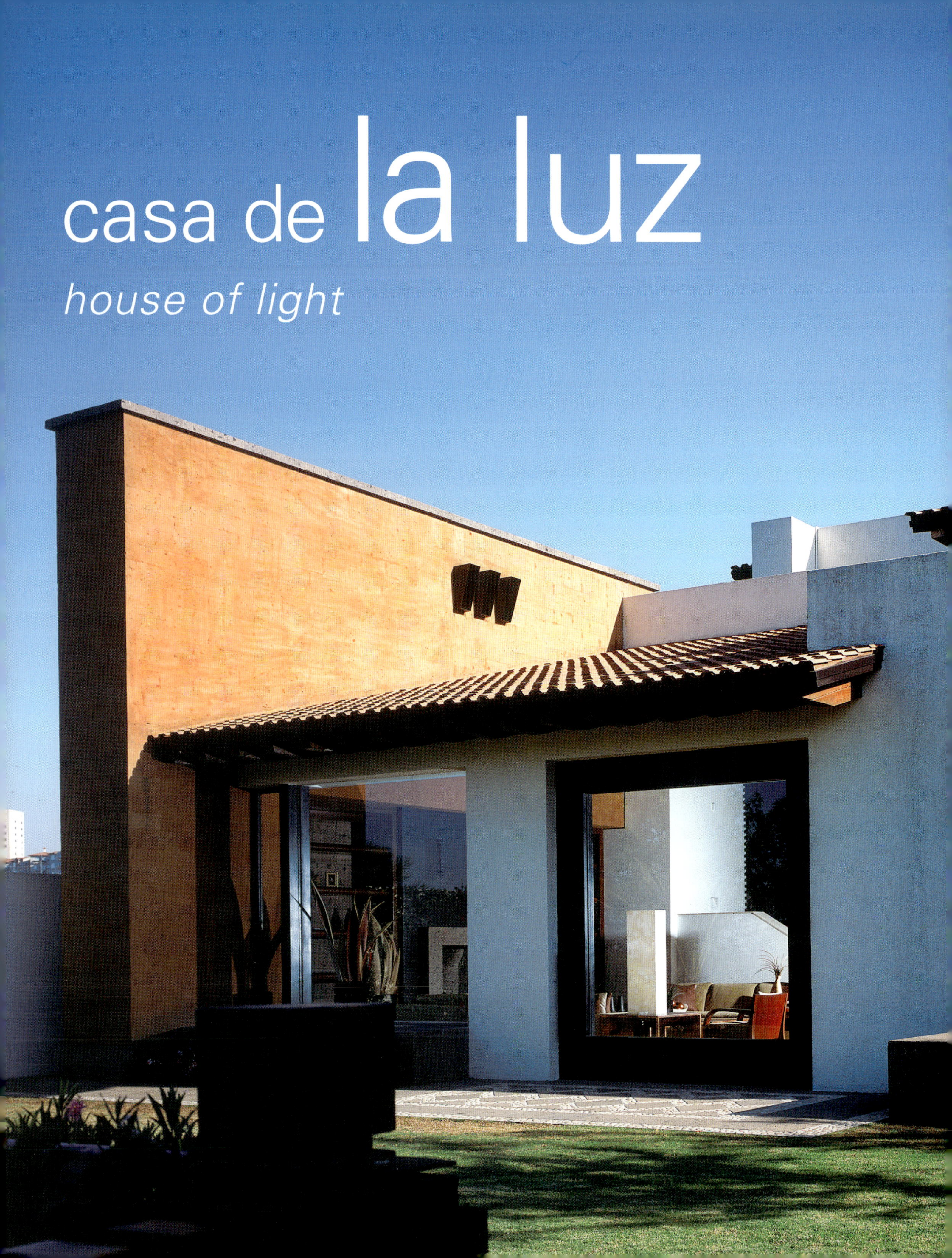

Diseñamos esta casa, ubicada en un lote ascendente de un campo de golf, para una pareja de profesionistas con hijos jóvenes. Debíamos privilegiar las vistas, pero el terreno era norte. La solución que propusimos para regular la temperatura, fue introducir el sol por un gran domo de cerca de treinta metros cuadrados, colmando de luz el espacio y convirtiendo a la sala de estar en un sitio protagónico. Esta propuesta permitió abrir ventanales y una puerta acristalada con un marco de acero hacia el campo de golf. Para reducir en tiempos de calor la incidencia de los rayos solares dotamos al domo de gruesos perfiles metálicos, que llamamos marimbas, que generan sugerentes combinaciones de luz y sombra. La calidez del espacio se acentuó con algunos muros de tepetate y pisos de duela, contrastando con la fachada resuelta en cantera café. El conjunto de soluciones brinda confort a la familia.

We designed this house, which stands on the rising slope of a golf course, for a couple of young professionals with young children. We had to make the most of the views but the land faced north. The solution we proposed for regulating the temperature was to allow sunlight in through a large dome measuring almost 312 ft^2, which illuminated the whole area and afforded the living room a prominent role. This proposal allowed us to open windows and a glass door with a steel frame leading to the golf course. The impact of sunlight during hot periods was softened by fitting the dome with thick metal profiles, which we call "marimbas," and creating suggestive combinations of light and shade. The warmth of the area was enhanced by walls of tepetate and stave floors, in sharp contrast with the brown freestone façade. These solutions together guarantee comfort for the family.

casa en rojo

house in red

Esta casa, en donde habita una pareja joven y dos hijas pequeñas, se encuentra en un terreno con fachada noroeste. Por esta razón, trazamos en la zona sur un patio con un área al exterior y otra más a cubierto. Esta última es atravesada por un puente y un vital muro rojo, que son núcleo y matriz de la vivienda, pues la dividen en este y oeste, dejando de un lado la zona privada de los padres y del otro la de las hijas. La mayor parte de los materiales constructivos conservan su apariencia natural, evocando con su combinación una mezcla de tradición y modernidad. Un ejemplo de ello es la combinación de muros de tepetate con columnas metálicas en un mismo espacio. Para propiciar la sensación de continuidad entre el interior y el exterior utilizamos cantera en los pisos de ambos lados. Un elemento que destaca en el conjunto es la puerta de acceso al comedor, trabajada artesanalmente como cuadrícula tejida.

This house is home to a young couple and their daughters, and stands facing northwest. It is because of this that we designed a patio in the southern section with an outdoors area and a covered area. The latter is crossed by a bridge and a bright red wall, which are the heart and soul of the house as they divide it between east and west, with the private area for the parents on one side and the other side for the children. The natural look of most of the building materials has been left unchanged, evoking a blend of tradition and modernity. One example of this is the combination of tepetate walls and metal columns in the same area. We used freestone on both sides of the floor to create a sense of continuity between indoors and outdoors. One of the building's more notable features is the dining room door, artfully crafted as a woven grid.

22D

casa transparente

transparent house

Una familia con hijos adolescentes optó por una vivienda de estilo moderno. Su terreno era ascendente y estaba encajonado debido a una previa excavación. Resolvimos el encajonamiento partiendo la casa en dos y uniéndola después con una larga espina translúcida o domo. En paralelo a ésta corre un eje visual que va de la fachada posterior a la frontal, y se reafirma en el interior por una sucesión de vanos moldurados con distintas luminosidades. Los ventanales y los domos permiten generosas entradas de luz, que en áreas como la sala regulamos con una retícula de yeso cubierta con tela. Los muros de la casa son blancos, ideales para recibir notables obras de arte. Al exterior, enfatizamos la horizontalidad de las fachadas con largas franjas de arenisca, que contrastan con los aleros de metal que las protegen del sol y la lluvia, y respetamos a un habitante preexistente: la Jacaranda.

A family with teenage children opted for a modern-style home. The land stood on a rising slope and was wedged in due to previous digging. We solved the wedging in by dividing the house into two parts and then joining them with a long translucent skylight or dome. A visual axis runs in parallel to this from the back of the house to the front, and is reaffirmed inside the house by a series of molded openings of varying luminosities. The large windows and domes let in large amounts of light. In areas like the living room this is regulated with a plaster reticle covered by cloth. The walls of the house are white, ideal for decoration with works of art. On the outside, we underlined the horizontal nature of the façades with long sandstone strips that contrast with the metal overhangs that protect them from the sun and rain. We also allowed for a resident that was already living there: the jacaranda.

casa de la plenitud

house of plenitude

Describir a los habitantes de esta vivienda, ubicada en Ixtapan de la Sal, es esencial para comprender el diseño. Se trata de una pareja madura; él amante del golf, ella de la pintura; él apasionado de seguir eventos deportivos, ella de la cocina. Nuestro trabajo fue entender su forma de vida y sentir su plenitud. La parte de la casa que la pareja habita se resolvió en un nivel, con espacios ambientalmente comunicados. Por ejemplo, la cocina y la sala conforman un área continua; desde esta última puede ser visto el estudio de pintura; y todo el conjunto, además de propiciar la convivencia, está pensado para fusionarse con la terraza, en donde se encuentran las vistas más privilegiadas hacia el campo de golf, aunque desde el interior son también únicas. En el segundo nivel están las recámaras para recibir a la familia, las cuales se conectan entre ellas a través de un puente que mira hacia el resto de la casa.

To understand the design of this home in Ixtapan de la Sal you first need to know the inhabitants. They are an elderly couple. He loves golf, she loves painting. He is a keen sports fan, she's fond of cuisine. Our challenge was to fully grasp their lifestyle. The living section of the house was put on one floor, with adjoining ambient areas. For example, a continuous area was comprised by the kitchen and living room, the latter with a view of the painting workshop. Furthermore, the whole project has been devised to encourage socializing and to merge with the terrace, which boasts the more spectacular views of the golf course, although there are also some outstanding views from within. The second floor houses the family's bedrooms, which are linked by a bridge overlooking the rest of the house.

casa del laberinto

house of the labyrinth

La vivienda es de una familia formada por padres con cuatro hijos de dos generaciones, adolescentes y pequeños. El terreno para el que proyectamos es de forma trapezoidal, con un frente muy pequeño. Para aprovecharlo creamos una especie de túnel que define una primera entrada peatonal y desemboca en un patio con un segundo acceso, pero que esta vez sí conduce a la casa. En el patio diseñamos un elemento con gran significado para la señora de la casa, un laberinto de piedra bola que remata en una fuente posible de iluminar por las noches. Otro elemento que manifiesta el espíritu familiar es una zona de meditación con un conmovedor Cristo. Aparte de estas piezas fundamentales, el concepto arquitectónico se rige por un muro que da lugar a dos vestíbulos, cada uno comunicado con un patio. La mayor parte de los pisos de la casa son de Slate, una pizarra hindú multicolor muy lucidora.

This house belongs to a couple with four children spanning two generations, teenagers and young children. The land it stands on is trapezoidal in shape, with a small front. We used its full potential by creating a type of tunnel as an initial pedestrian entrance leading to a patio with a second entrance to the house itself. In the patio we designed an item of great significance for the lady of the house: a labyrinth made of boulders finished with a fountain that lights up at night. Another object that depicts the family spirit is a meditation area with a moving figure of Christ. In additional to these essential articles, the architectonic concept is dominated by a wall leading to two halls, both of which join up with a patio. Most of the floor is made of very bright multi-colored Indian slate.

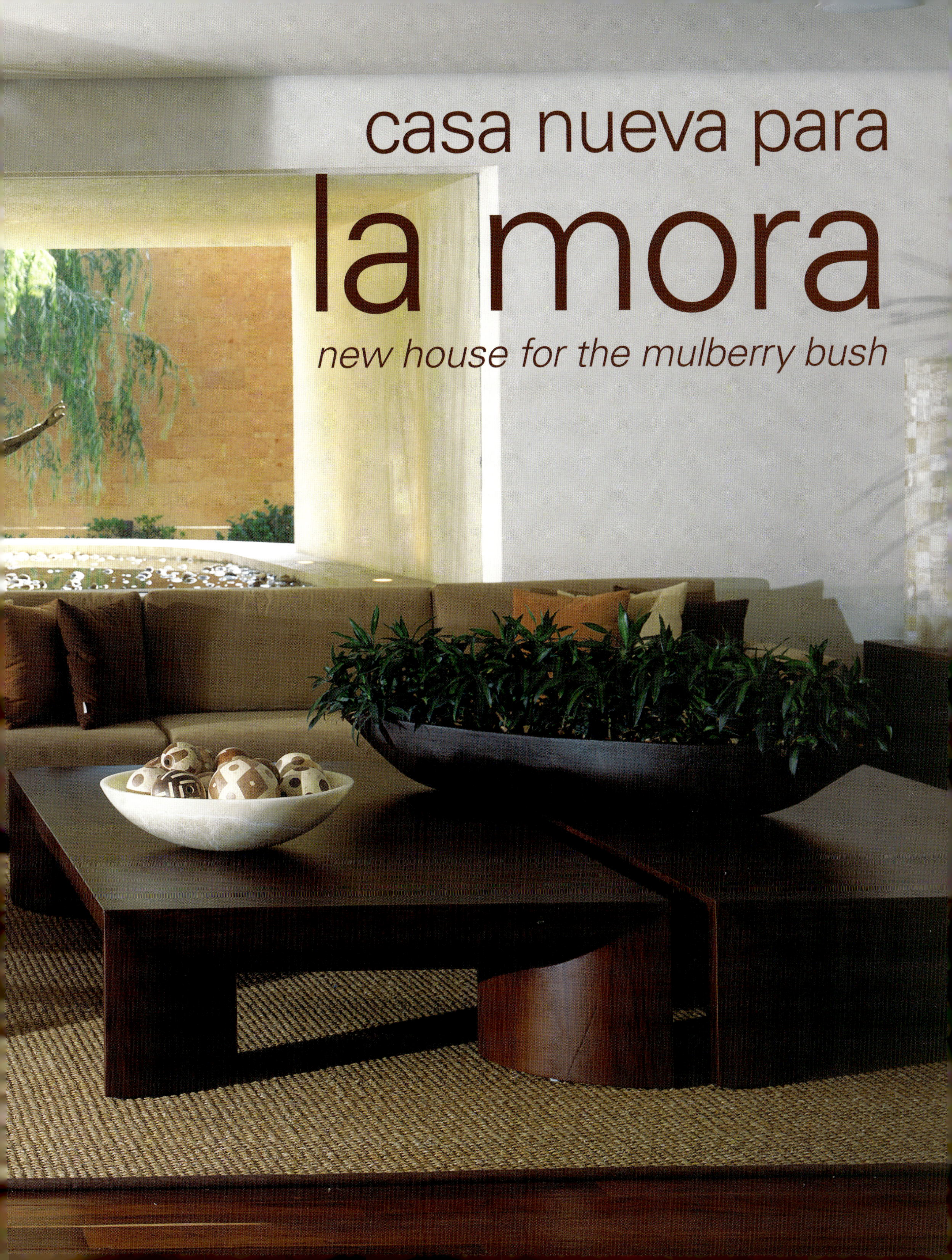
casa nueva para
la mora
new house for the mulberry bush

Una familia que se decidió por una nueva casa adquirió un fabuloso terreno en esquina y definió que quería una vivienda cálida. Seleccionamos los materiales en conjunto; la familia propuso el tepetate y nosotros la madera. Orientamos el diseño general a crear atmósferas confortables y a provocar espacios continuos de luz, por lo que resulta fundamental el gran domo interior. Metafóricamente hablando, la casa se conforma por dos gruesas grapas, con las plantas altas remetidas; está volada y soportada por unas imponentes trabes. El pórtico de acceso es también una grapa de seis metros, con techo de vidrio y lona protectora; es una especie de terraza convertible que mezcla interior-exterior. Entre los aspectos más destacados del diseño están los techos curvos de las recámaras, el sistema de ventanas ocultas en muros, un gimnasio de grandes proporciones, una cava y el estacionamiento subterráneo. El jardín de la casa también se planeó para recibir a una Mora que habitaba con la familia en la vivienda anterior.

When this family decided they wanted a new house, they acquired a wonderful corner terrain and opted for a warm ambience. We chose the materials together; the family suggested tepetate and we proposed wood. The overall design was intended to generate comfortable ambiences and continuous flows of light, which made the large dome on the inside a crucial factor. Metaphorically speaking, the house consists of two thick inverted arches with the upper floors tucked in; it is raised and held up by imposing beams. The portico is a six-meter inverted arch, with a glass roof and protective covering. It is a type of convertible terrace that blends indoors and outdoors. The design's most prominent features include the curved ceilings in the bedrooms, the system of windows concealed in the walls, a large gym, a cellar and an underground parking lot. The garden was designed to accommodate a mulberry bush that resided with the occupants of the previous house.

casa de la cruz

palmeada

house of the palm cross

Esta casa habitación pertenece a una familia de gente joven y vigorosa, por lo que el diseño es muy dinámico. Todo parte de un vestíbulo central, alrededor del cual giran los diversos espacios. En dicho vestíbulo hay un domo, cuya estructura es una cruz palmeada que produce distintas calidades, cualidades y grosores de sombras a lo largo del día. El proyecto en su conjunto se basa en muros sólidos, masivos y en tonos térreos, combinados con materiales ligeros y transparentes; este contraste provoca que resalte la nitidez y luzca la transparencia espacial. La parte posterior del área pública tiene un ventanal desde el cual se pueden observar el jardín, una meseta y un tazón trabajados artesanalmente en piedra de recinto. La habitación de los padres, junto con un estudio y una franja de la terraza conforman una unidad casi a modo de suite quedando, si así se desea, totalmente independiente de la casa.

This residence belongs to a young and lively family, so its design is very dynamic. Its focal point is a central hall surrounded by the different areas. The hall boasts a dome in the shape of a palm cross that casts shadows of different shapes and sizes during the course of the day. The overall project is based on large, solid, earthen tone walls, combined with light transparent materials. This contrast brings out the sharpness and spatial transparency of the design. There is a large window at the back of the visitors area overlooking the garden, along with a landing and a bowl crafted in quarry stone. The parents' bedroom combines with the study and a section of the terrace to form a unit akin to a suite that is completely independent from the rest of the house.

casa del portal

house of the gate

Una pareja con tres hijas tenía un terreno con fachada norte hacia la calle y amplias vistas hacia el sur. La familia nos describió el tipo de casa que quería habitar y a partir de ello diseñamos espacios propicios para la convivencia. La transición entre el acceso de la vivienda y el vestíbulo se da a través de un gran portal de metal y madera. Al entrar se descubre que ambos espacios tienen una dimensión grandiosa, formas irregulares e interesantes volumetrías. La sala es a doble altura; desde su ventanal se pueden ver el campo de golf y unos Tepozanes, que al ser iluminados por las noches se perciben escenográficos. Pese a que tiene importantes alturas, la casa es cálida; entre sus atractivos destacan una agradable terraza y una chimenea de metal. Cobra también relevancia en el diseño la recámara principal con salidas a un tapanco-estudio y vistas hacia la sala y el jardín, cuyo esquema se complementa con un baño excepcional. Ya finalizada la obra se construyó un pabellón adicional que se integra adecuadamente a la terraza, al bar y a una zona del jardín con chimenea exterior.

A couple with three daughters has some land facing north towards the street and with sweeping views towards the south. They told us what type of house they wanted to live in and we used this information to design areas that would be conducive to socializing. A large gate made of metal and wood leads from the entrance to the hall of the house, both of which are very spacious with irregular shapes and novel volumetric arrangements. The living room is double height and its large window overlooks the golf course and some butterfly bushes, which are stunning to contemplate when lit up at night. Despite its tallness, the house is warm; its attractions include a pleasant terrace and a metal chimney. The design of the main bedroom is also worthy of note with access to a loft-study and views of the living room and garden. It is also complemented by a truly remarkable bathroom. Once the initial building work had been completed, we built an additional pavilion that was a welcome addition to the terrace, the bar and a section of the garden with an outdoor chimney.

PRIMATES
THE WORLD OF PRIMATES
TESOROS DEL MAR

casa de la esquina

house on the corner

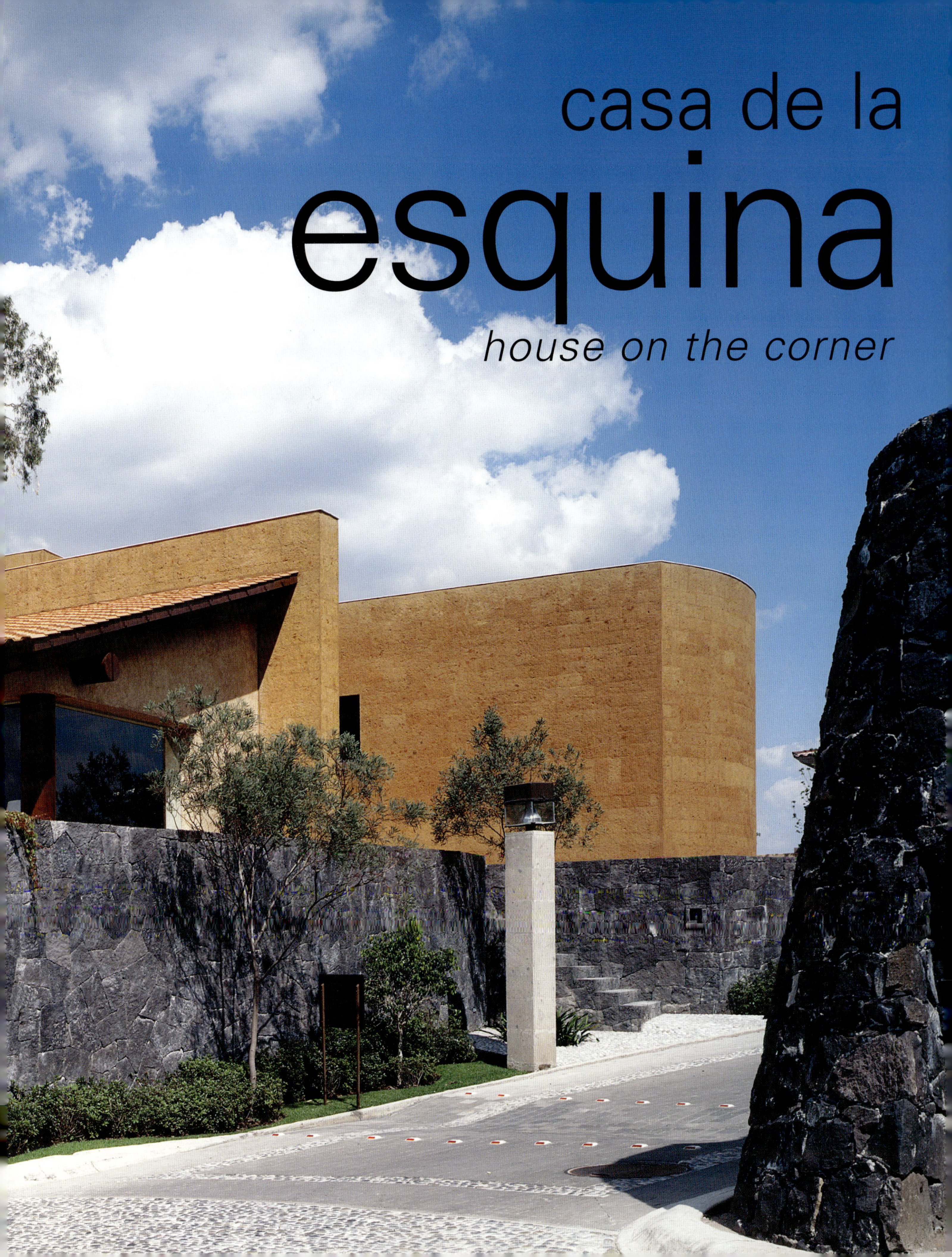

La familia se integra por una pareja joven con hijos pequeños, a la cual le diseñamos una casa que es icónica en nuestra arquitectura, pues fue excepcional la oportunidad de contemplar dos fachadas, debido a que el terreno se encuentra en una esquina. La casa se eleva apoyándose sobre un gran basamento de piedra con reminiscencia prehispánica. El acceso se da por una escalera que conduce a un patio, el cual divide a la vivienda en dos, dejando de un lado la zona familiar y del otro la pública, ambas trazadas en un solo nivel. Dadas las necesidades familiares, privilegiamos los espacios del área privada por encima de la social. El hecho de construir en un solo nivel permitió jugar con las alturas y dar privacidad a la vivienda. Cuando utilizamos muros ciegos, como es el caso de la cocina, introdujimos la luz a través de domos. Cabe mencionar como punto focal de la estética general, un muro curvo localizado en el área que aloja el family room.

The family consists of a young couple with two small children for whom we designed a house that is a flagship of our architecture, as the cornered location of the land affords an exceptional view of two façades. The house was erected on a large stone foundation reminiscent of pre-Hispanic buildings. It is reached along a stairway leading to a patio, which splits the house into two, setting the family area to one side and the visitor's area to the other, both on the same floor. Family needs prompted us to give priority to the former area. Building the house on a single floor allowed us to experiment with height and afford privacy to the residence. When we use blank walls, like we do in kitchens, we let light in through domes. The house's esthetic centerpiece is a curved wall in the family room area.

VADO

casa del caramelo

house of sweets

Esta vivienda pertenece a una familia que gozó tanto el proyecto de diseño como la construcción, cuya prioridad era mantener las vistas hacia el jardín, cosa que logramos que ocurriera prácticamente desde todos los espacios de la casa. El terreno era particular, ya que pese a tratarse de una superficie de mil seiscientos metros cuadrados, su acceso se da por una pequeña calle empedrada de apenas ocho metros de ancho. Por esta razón, resolvimos la entrada creando un muro de tepetate, con forma de caramelo, que funciona como recibimiento. A través de éste se llega a un patio con un espejo de agua que cumple con la función de vestibular el exterior, y el cual es posible observar tanto desde el comedor como desde los corredores de la planta alta. Destaca en la vivienda la espectacularidad que se crea con la integración de la terraza y el jardín, generando una sensación de continuidad única.

This home belongs to a family who enjoyed both the design stage and the construction stage, the main aim of which was to leave the view of the garden unobstructed. This was achieved from just about every part of the house. The problem posed by the terrain was that, even though it covered an area of 16.640 ft^2, it could only be reached along a small cobblestone street measuring a mere 26.23 ft wide. This prompted us to make a tepetate wall in the shape of a sweet as an entry hall. It leads to a patio with a pool that acts as an outdoor hall and can be seen from both the dining room and the top floor corridors. One outstanding feature of the house is the spectacular effect of continuity generated by joining the terrace and the garden.

casa del río
river house

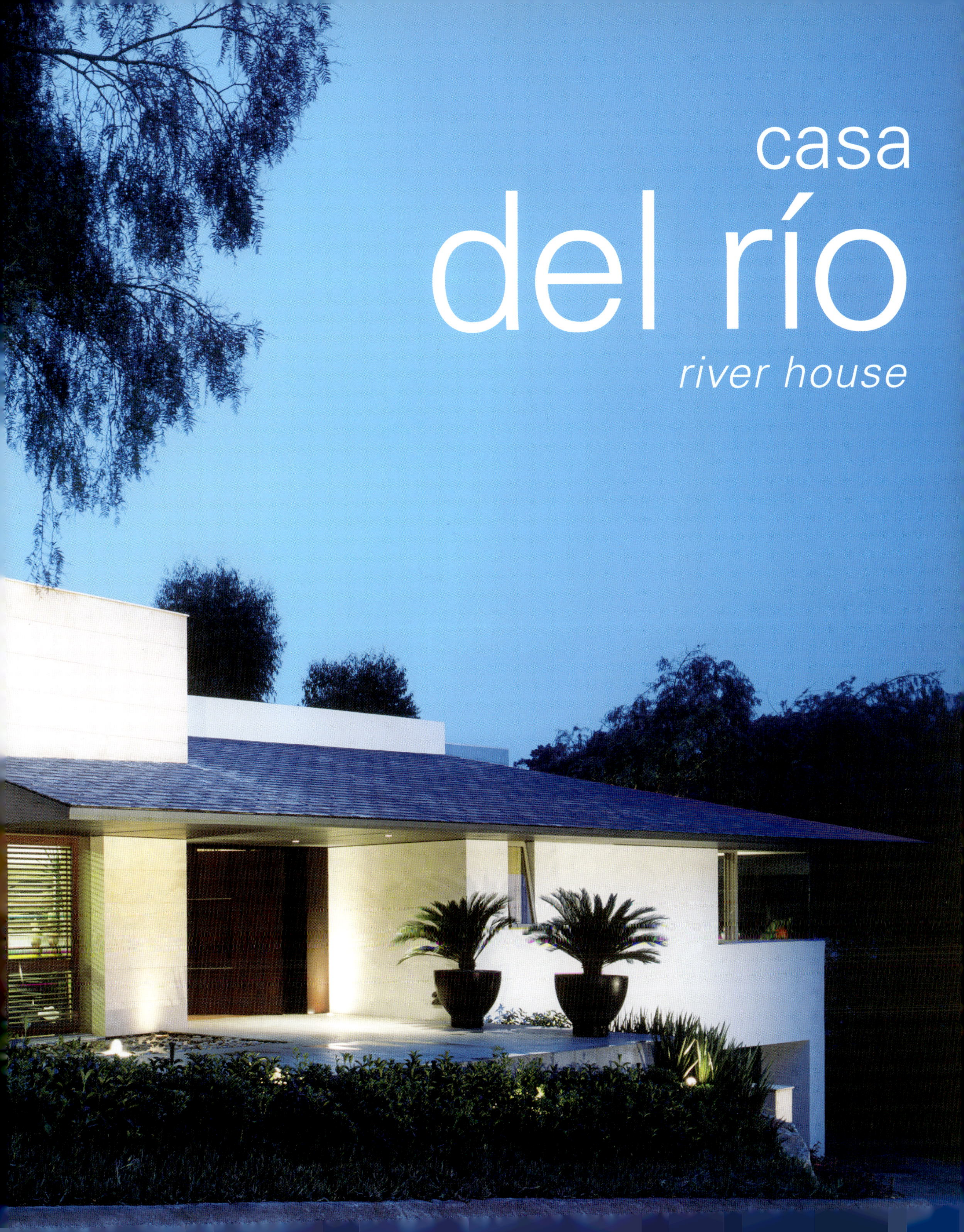

Una pareja muy experimentada en el diseño, con hijos adolescentes, nos invitó a desarrollar una vivienda moderna, en un nivel. El programa se resolvió en forma de escuadra, privilegiando las vistas hacia el jardín. Al exterior, retomamos el concepto arquitectónico que prevalece en el fraccionamiento, pero colocando en techos pizarra con faldones metálicos en gris grafito y mármol egipcio en fachadas. Adentro, tanto el comedor como la sala tienen medias bóvedas; ambos están enmarcados desde el jardín por una gran grapa metálica. Por su escala y ubicación el bar es asimismo un espacio sobresaliente dentro del área pública, en él destaca un muro de piel. Resalta en el diseño el bloque que se genera entre la recámara principal, el family room y la cocina, cuya dimensión es similar a la de un pequeño departamento. Fue parte de la solución de interiorismo provocar que en toda la casa se percibiera el contraste entre pisos de madera clara de haya y muebles de encino entintados en tonos oscuros.

A couple with ample experience in design and teenage children asked us to develop a modern dwelling place all on one floor. The design we created took the form of a square affording great views of the garden. On the outside we followed the architectonic concept used in the whole housing complex, but adding slate with metal gables on the roof, along with gray graphite and Egyptian marble on the façades. Inside the house, both the dining room and the living room were fitted with half vaults; both framed from the garden with a large metal arch. The size and location of the bar afford it a prominent role in the visitors' area, which also boasts a leather-covered wall. Another notable feature of the design is the block created between the main bedroom, the family room and the kitchen, and which is similar in size to a small apartment. The contrast between the floors made of light-colored beech wood and the dark tones of oak furniture was a key part of the interior design.

25

HACIENDAS de MÉXICO

casa del

gran muro

house of the large wall

Una pareja joven tenía un terreno relativamente pequeño para el programa que deseaba desarrollar y estaba inspirada por el deseo de habitar una casa espectacular. Logramos la majestuosidad a través de la escala espacial, haciendo destacar dos elementos. Uno es un sobresaliente muro de tepetate, de aproximadamente veintitrés metros de largo por ocho de alto, que armoniza con el piso de cantera Xaltocan; el otro es un magnificente vestíbulo con dos y media alturas. En paralelo y longitudinalmente al muro de tepetate colocamos un domo, dotándolo de ranuras para que generara diversas calidades de luz y sombra a lo largo del día, con el fin de que el espacio luciera diferente en cada momento. La recámara principal se distingue de igual modo por los juegos de luz, pero también por la espacialidad y el encanto de cada uno de sus rincones; en tanto que las habitaciones de los hijos tienen como punto focal un tapanco que realmente habitan y disfrutan.

A young couple had a relatively small plot of land for their intended project and were driven by their wish to live in a spectacular house. The sheer size of the house made it a majestic prospect and highlighted two of its attributes: the wonderful tepetate wall measuring around 75.4 ft long and 26.2 ft tall, which blends harmoniously with the Xaltocan freestone floor, and a magnificent hall two and half times the normal height. We placed a dome in parallel and lengthwise to the tepetate wall, and built some slots in it to create different tones of light and shade during the course of the day to change the appearance of the area at each moment. The play of light in the main bedroom is a distinguishing feature here too, as are its spaciousness and the allure of each of its corners. The focal point of the children's bedrooms is a loft that they live in and enjoy.

casa del viento

house of the wind

La familia se conforma de una pareja de jóvenes con tres hijos que definió mudarse a Querétaro, a un fraccionamiento desarrollado en un campo de golf. Diseñamos la vivienda con su activa participación, sobre un terreno muy favorable. Dada la apertura del terreno con respecto al campo de golf, decidimos darle privacidad a la casa creando una fachada de dos volúmenes con un muro adicional, suelto, de tepetate. Asimismo, considerando que el reglamento no permitía autos a la vista, enterramos el estacionamiento y le dimos altura a la casa apoyándola sobre un gran basamento. Diseñamos el acceso para que se sintiera espectacular el recibimiento a la vivienda, a través de una explanada con un espejo de agua que también se puede ver desde el comedor. Al interior, todos los espacios giran en torno a un vestíbulo muy iluminado por un domo con viguería de yeso. Conviene mencionar que resolvimos la fuerte carga de viento que hay en el sitio, resguardando la terraza con un sistema de puertas ensamblable.

This family, a young couple with three children, decided to move to a housing complex located on a golf course in Querétaro. They played an active role in our designing of the home on a very suitable plot of land. In view of the openness of this land with regard to the golf course, we opted to provide some privacy for the house by building a two-volume façade with a loose additional wall made of tepetate. Also, given the regulatory prohibition on having cars on view, we put the parking lot underground and raised the house on a large foundation. We designed the access to enhance the spectacular impact upon arrival with a pool that can also be seen from the dining room. All the areas inside the house are centered on a hall lit effusively by a dome with gypsum beams. We counteracted the strong winds that hit this location by creating a system of adjoining doors for the terrace.

casa de los
ardillones
house of the big squirrels

Una pareja de profesionistas, entonces sin hijos, nos buscó luego de leer en un libro esta frase: "...para nosotros cada espacio es en sí un pensamiento."[1] Enamorados de su terreno, casi una loma, nos contagiaron su ilusión. Dónde poner una casa entre tantos árboles importantes fue el primer reto; el segundo fue solucionar una temperatura agradable al interior. Marcamos con cal el posible sitio para la construcción, intentado librar las raíces de los árboles y encontrar el sol franco. El diseño se resolvió con techos inclinados y vigas de madera respondiendo a las características del lugar a través de una casa no urbana, como cabaña. Para no perder temperatura evitamos espacios a doble altura y protegimos el microclima con ventanas cerradas herméticamente. Colocamos los ventanales para que hacia donde se volteara se encontrara un paisaje dramáticamente verde y de vez en vez habitado por ardillas. La casa se desarrolla alrededor de un patio exterior y le sirve de vestíbulo un largo corredor.

A couple of professionals, with no children at the time, found us after reading this phrase in a book: "...for us each area is like a thought in itself."[1] They were truly in love with their land, which was almost a hill, and they infected us with their idea. The first challenge was to decide exactly where to put a house in between so many majestic trees; the second was to ensure a pleasant indoor temperature. We earmarked a possible site for construction with chalk, and set about removing tree roots to allow plenty of sunlight in. The design included sloped ceilings and wooden beams reflecting the characteristics of the setting in the form of a non-urban abode, such as a cabin. To maintain temperatures at suitable levels we used hermetically sealed windows and avoided double height spaces. Large windows were positioned to afford views of dramatic green landscapes in all directions, in some cases with the presence of squirrels thrown in for good measure. The house was arranged around an outdoor patio with a long corridor as a hall.

1 Arquitectos Mexicanos, "Entre la tradición y la modernidad," p. 65, México, D.F., 1997.

1 Houses, "Tradition & Modernism," p. 65, Mexico, D.F., 1997.

POSTRES
VERDURAS

casa de la jacaranda

house of the jacaranda

La familia era propietaria de un terreno descendente y deseaba una casa en un solo nivel. Por cuestiones prácticas y estéticas definimos separar el garage. Diseñamos el acceso a la vivienda por un generoso espacio a doble altura, que funciona como vestíbulo y da a un patio captador de luz. Para llegar al área privada trazamos un pasillo semicircular, cuyas entradas de luz son estupendas. La recámara principal tiene doble altura, quedando en la zona superior un tapanco-estudio. Otros detalles relevantes en el diseño son los pisos de la zona pública hechos de piedra Porfido, así como las ventanas del comedor que, por su altura, logran que se mantenga un horizonte visual muy bajo. Conviene resaltar que experimentamos en el proyecto con un concepto de jardinería que considera pastos liriopes adosados a fachadas y un muro rojo que contrasta con el colorido de una solemne jacaranda.

The family owned the downward-sloping land and wanted a house on a single floor. For both practical and esthetical reasons we opted to separate the garage. We designed the approach to the house using a generous double height space which doubled up as a hall and a light-capturing patio. The private part of the house is reached along a semicircular corridor, with openings to let in glorious daylight. The main bedroom is double height with a loft-study in the upper section. Other noteworthy details in the design include the floor of the visitors' area made of porphyry stone, along with the dining room windows which are tall enough to keep the visual horizon very low. We looked at different options for the garden featuring façades with creeping lily turf and the contrast between a red wall and the coloring of a solemn jacaranda.

casa de la paloma

house of the dove

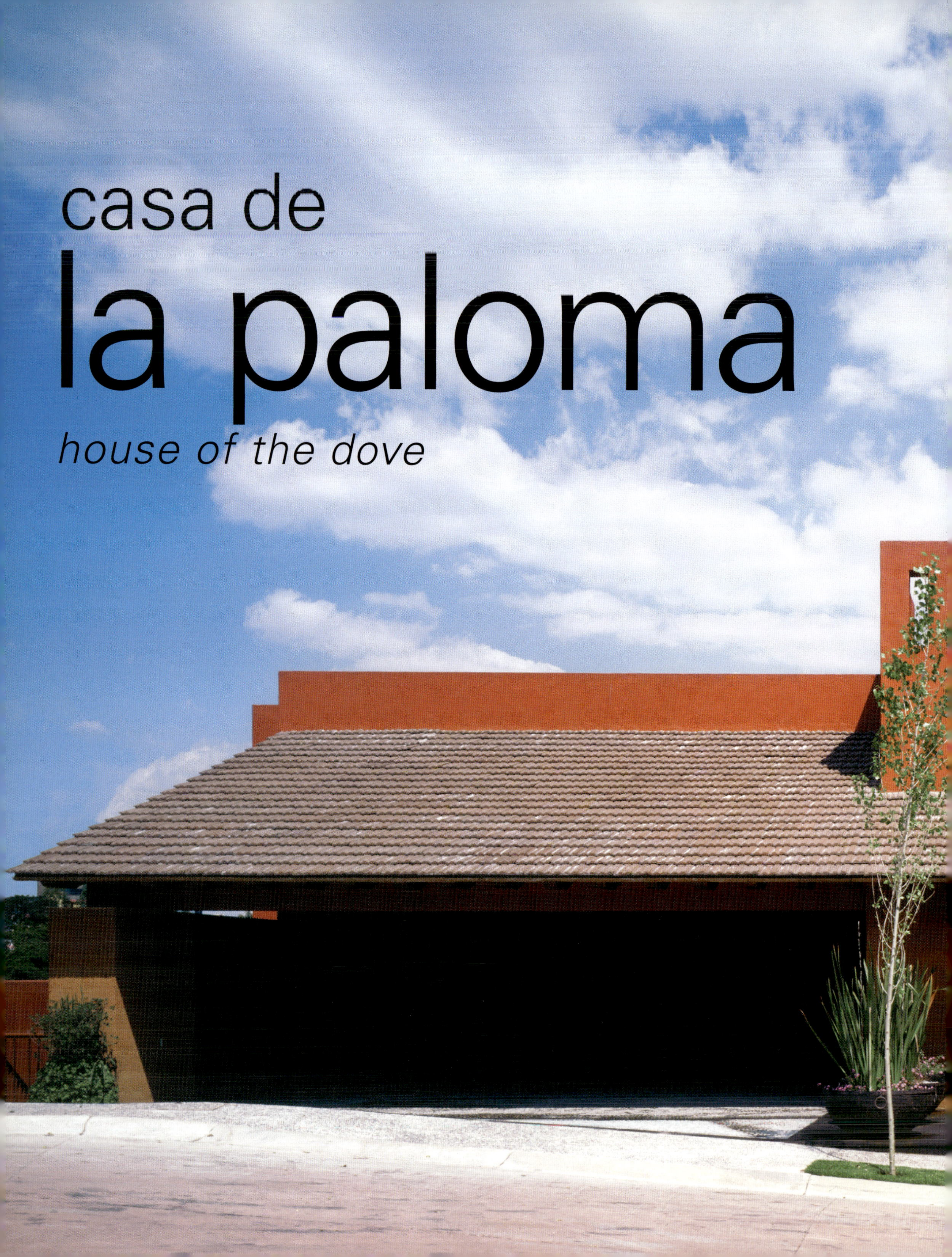

Ésta era la segunda casa que le hacíamos a unos amigos, quienes nos pidieron seleccionar el terreno. Encontramos un lote descendente y accidentado, pero con estupenda orientación. El reglamento del fraccionamiento impedía muros elevados y el partido que se nos solicitó era complicado, pues exigía a un tiempo privacidad y espacios para la convivencia. Definimos enfatizar la división entre la parte social y la privada y crear una casa divertida, en donde los espacios se unieran unos con otros con puertas corredizas. Un elemento esencial en el diseño es la escuadra vidriada que trazamos en la sala, la cual integra al patio y a la paloma de bronce que éste alberga. Las habitaciones de los hijos son cuartos con tapancos (hubo que añadir uno para un nuevo hijo del que se supo de su llegada ya avanzado el proyecto) y tanto en éstas como en la recámara principal los baños y vestidores están muy bien logrados. En cuanto a materiales constructivos, en el interior de la vivienda predomina el tepetate, en contraste con los exteriores rojizos y de piedra volcánica negra.

This was the second house we built for friends who had asked us to choose the land. We found an uneven downward sloping plot with an excellent orientation. The regulations of the housing complex prohibited raised walls and the project requested of us was complicated, as it involved both privacy and areas for socializing at the same time. We decided to emphasize the division between the area for entertaining and the private section, and create a fun house in which one space was joined to another through sliding doors. One of the design's main feature is the glass square we placed in the living room, which includes the patio and bronze dove it houses. The children's bedrooms have lofts (one was added for a newborn baby whose imminent arrival was discovered late on in the project). Both these bedrooms and the main bedroom boast splendid bathrooms and walk-in closets. As far as building materials are concerned, tepetate prevails inside the house, in contrast with the reddish exteriors and black volcanic stone.

casa del

arco cañón

house of the barrel arch

Una pareja que formaría familia llegó a nosotros porque vio una casa que construimos. Su terreno era ideal y con poca pendiente. Creamos un diseño contemplando espacios protagónicos tanto al exterior como al interior. La entrada al terreno es un acceso con un portal de proporciones prehispánicas y puerta de metal; desde allí hasta alcanzar la casa se recorren veinte metros de áreas verdes, para luego descender un metro. La entrada se da por un área vestibular a doble altura, con un arco cañón hecho en madera, cuyo fin es integrar las dos plantas. El juego de alturas y las formas de los techos constituyen uno de los principales atractivos de la vivienda, así como su viguería de acero y madera. El comedor, además de tener amplias visuales al jardín, mira también hacia el patio de agapantos en tonos lavanda, donde también hay una pila de piedra de recinto, de tonalidad muy distinta a la usada, por ejemplo, en las cubiertas de los baños, que son en mármol oxidado.

A couple planning to have children came to us because they had seen a house built by us. The land they had was ideal and only slightly sloped. Our design contemplated prominent spaces both inside and outside the house. The terrain is reached through a gate of pre-Hispanic proportions and a metal door; then twenty meters of greenery with a one meter descent lead to the house itself. Entry is gained through a double height hall with a wooden barrel arch that links up the two floors. The interplay between the heights and shapes of the ceilings is one of the house's most attractive features, together with its steel and wooden beams. The dining room boasts a splendid view of the garden and the patio is decorated by lavender-colored African lilies and a quarry stone fountain featuring tones not often used in bathrooms, such as rust-colored marble.

casa para los encinos

house of the oak trees

Una familia con dos hijos diseñaba su cuarta casa, por lo que sabía bien lo que deseaba, incluso en lo referente a las superficies y orientaciones de cada espacio. Sin embargo, el terreno era complicado por estar en pendiente descendente. Por esta circunstancia y para salvar la vida de unos Encinos preexistentes, tuvimos que levantar unos sólidos muros y dejar enterrados los árboles a ocho metros de profundidad. Como todas las viviendas del fraccionamiento donde se ubica, la casa tiene vistas hacia la cañada y techos inclinados que, en su caso, resolvimos con teja café. Su escala es humana y acogedora; por ejemplo, el family room tiene techos bajos de madera; el estudio se solucionó a través de una escalera que conduce a un torreón muy íntimo; usamos materiales que dotaran a los espacios de calidez pero en un ambiente de modernidad, combinando piedra, madera y metal.
Es justo mencionar que el orden y perfeccionismo de los clientes cooperaron a conseguir una excelente factura.

A family with two children was designing its fourth house, so they had a good idea of what they wanted, even with regard to the surface areas and orientations of each space. The terrain's location on a downward slope made things somewhat complicated and this meant we had to build solid walls and leave oak trees buried to depths of up to eight meters in order to protect them. Like all the other houses in the housing complex, this one overlooks the gorge and has sloped roofs which, in this case, we decided to color brown. It has been sized to create a cozy and warm ambience; the family room, for instance, has low wooden ceilings; stairs lead from the study to a very intimate tower; we used materials that would generate a warm atmosphere but in a modern setting, by combining stone, wood and metal. It should also be pointed out here that the clear-thinking and perfectionism of the clients helped us achieve excellent finishes.

Rapha

casa convertible

convertible house

La familia contaba con un terreno con vistas únicas hacia un campo de golf, cuestión que acentuamos levantando el piso de la casa y abriendo las visuales a través de grandes ventanales. Su ilusión era habitar una casa que viviera hacia el exterior, razón por la que optamos por colocar una puerta que integra a la vivienda con el campo de golf. Descubrimos que tanto los padres como los tres hijos eran muy sociables, así que planeamos espacios cien por ciento habitables y flexibles. De este modo, muchas de las áreas se amplían corriendo muros y uniendo una zona con otra, incluyendo el interior con el exterior. El bar es también abierto y se integra a la sala y al comedor. Dos puntos focales de la vivienda son el vestíbulo, que tiene una velaria tensada y una enfática entrada circular de luz, así como una terraza con cubierta calada de vidrio esmerilado rayado, que se encuentra en la azotea y actúa como quinta fachada.

The family had land with excellent views of a golf course, and we enhanced this attribute by raising the floor of the house and making the most of the visual splendor through large windows. The family wanted to live in a house that placed emphasis on outdoor life, which is why we put in a gate leading from the house to the golf course. When we realized that both the parents and their three children were all very sociable people, we decided to make the living spaces one hundred per cent inhabitable and flexible. Many of the areas were enlarged with extended walls and by joining one area with another, including indoors and outdoors. The bar is also open and joined to both the living room and the dining room. Two of the house's main focal points are the hall, which boasts a tent and a stunning round opening for light, and a terrace with a polished glasswork cover turning the roof into a fifth façade.

futures

trayectoria proyecto - obra habitacional

project type - residential

1984 Casa Coss, Casa García Moreno, **1985** Casa Ezquerro*, Casa Bouffier, **1986** Casa Estévez, Casa Villalba*, Casa Álvarez*, Departamento De La Macorra, Casa Huerta*, Casa Garza*, Casa Herrera*, Departamento Ruiz, Casa Ackle*, **1987** Casa Bernal*, Departamento Martí, Casa Villarreal, **1988** Casa Schroeder, Casa Hernández, Casa Ackle*, Departamento Ruiz, Casa Villalba, Casa Riestra, Casa Estévez*, 4 Casas en Condominio Horizontal "Los Patios", Casa Lefo, Casa De La Macorra, Casa Toca, Departamento Carranza, Casa Ramírez De Aguilar, 4 Casas en Condominio Horizontal "Los Patios II", **1989** Casa De Pedro*, Casa Villarreal, Casa Riestra, Casa Hernández, Departamentos Circunvalación, Casa Huerta, Casa Rivero, Casa Moreno, Casa Urquiza, **1990** Casa Quezada, Casa A. Villarreal, Casa Basagoiti, **1991** Casa Dodero, Casa Piña*, Casa Setién, **1992** Casa J.A. Ruiz, Casa Hernández*, Casa Villarreal*, Casa Huerta, Casa M. Villarreal, **1993** Casa Couttolenc, Departamento Solana, 15 Casas en Condominio Horizontal, **1994** Casa Sansores, Casa Fernández, Casa Álvarez, Casa Obregón, Casa Said*, Casa Garciadiego, Casa De La Macorra*, **1995** Casa A. Villarreal, 18 Casas en Condominio Horizontal, Departamentos Huertas, Casa Toca*, **1996** Casa Villarreal, Casa De La Macorra*, Casa Toca*, Departamentos Newton, Casa M. Rivero*, Casa Villamayor, Casa Soto, Casa Solana*, **1997** Casa Obregón*, Casa Grandio*, **1998** Casa Toca*, Casa Molina, Casa Ramírez de Aguilar, **1999** Casa Patrón, Departamento Fernández, Casa Marcos, Casa Hernando,

Casa Villarreal*, Departamento Estévez, Casa C. Said, Casa Gálvez*, Casa Muro*, **2000** Casa Uhthoff, Casa Calvillo, Casa Martínez, Casa De Fuentes, Casa A. Hernández, Casa G. Díaz*, **2001** Casa Zubiría, Casa Toca, Casa Madrazo, Casa Bouffier, Casa Tovar, Casa F. Toca*, Casa Garciadiego*, Casa Tlaiye, Casa Rame, Departamento J. Estévez, Departamento González, Departamento M. Estévez, Casa Spataro, Casa Alverde, **2002** Casa Torres Landa, Departamento Tame, Casa Torres, Casa González*, Casa Fons, Casa Braniff, Casa Icaza*, Casa Arriaga*, Casa Ruiz*, Casa Frías, Casa J.A. Díaz, **2003** Casa Purón, Casa De Fuentes*, Casa V. Rivero, Casa Buxade, Casa Borgio, Casa Ransanz, Casa López, Casa Quiroz, Casa Jiménez, **2004** Casa De La Macorra*, Casa A. González, Casa Ibarra, Casa Castrejón*, Departamento L.F. González, **2005** Casa Winicki, Casa A. Ransanz*, Departamento Espinoza, Departamentos Díaz, Departamento Braniff, **2006** Casa Toca, Casa M. Ruiz*, Departamento J.L. Fernández, Casa Pasquel, Casa Cruz y Celis, Casa García*, Casa Pardo, Casa K. Castrejón**, Casa Dotson*, Departamento Richaud, Casa Cobos**, **2007** Casa Zárate**, Casa Guerrero**, Casa Lebois**, Casa Villanueva**, Casa Cuevas**, Casa Ponçon**(San José, Costa Rica), Casa A. López**, Casa Carranza*, Casa L.B. González**, Casa Bringas**, Casa Vega**, Casa Ortiz**.

*Ampliación y Remodelación / *Extension and refurbishing* **En Proceso / *Under way*

Alex Carranza Valles y Gerardo Ruiz Díaz

el taller - *the workshop*

Mariana Zenteno Salazar, Héctor Esquivel, Sergio Ramírez de Aguilar, **Gustavo Juárez González**, Miguel Ángel Flores López, Jorge Resendiz Hernández, Miguel Ángel López López, Alfonso Santa Rosa, Enrique Ibarra Palos, Odilón Ferreira González, Eduardo Resendiz Hernández, Marco Antonio Resendiz Hernández, Gustavo Gómez Hernández, José Merino Calderón, Ángel Ochoa Colunga, Jorge Eduardo Ramos Hernández, Martha Dacasa Iglesias, Renata Kohen, **Víctor Manuel Ortiz Fuentes**, Hugo Villaseñor Hidalgo, Carlos Matuk Cajiga, Rolando del Castillo Jaime, Rafael Guerrero Velásquez, Gregorio Vázquez Ramírez, **Miguel Darío Calera Lara**, Luis Javier Villalpando Lavanderos, Héctor Eliud Ballesteros Pérez, **Bernardo García de Jesús**, Alejandro García Torres, **Sergio Quezada Millán**, Jorge Lelo de Larrea Serrano, Marcos Ornelas Cuevas, **José Alfredo Arenas González**, Ivet Nicte-Ha Salazar Vega, María Eugenia Torres Gómez, **José Antonio Saldaña Juárez**, Federico Martínez Sánchez, Martín Sebastián Hernández Urzúa, Roberto García López, **Emiliano Librado Aparicio**, Miguel Ángel Becerril Castillo, **Minerva Ramírez Gómez, Marco Antonio García Torres, Filiberto Hernández Fernández, Raúl Pérez Hernández**, Apolonio Ignacio Hernández Márquez, **David Báez Tenorio, Víctor Lagunas Delgado**, Rudy Homero Ruiz Rivera, **Juan Carlos Álvarez Domínguez**, Guillermo Franco Ramírez, Francisco Javier Porras Morales, Noe Enrique Marroquín Rojas, **Gabriel Vila Gallardo, Maricela Esteban Mena, Israel Demetrio García García**, Javier López Morton, Horacio Bailón Duarte, **José Luis Castañeda Ortiz, Juan Carlos Olavarri Hervella** (Arquitecto Asociado), Carlos Ramos Aragón, **Brenda Hernández González** y **Héctor Delmar Albarrán.**

agradecimientos - *acknowledgments*

CONTRATISTAS / *CONTRACTORS*

ACABADOS, ACERO INOXIDABLE, -Construcciones Metálicas Aron- Samuel Todd, Sandra Téllez / PIEL, -Nazar Promociones- Israel Rita /-Devin- Agustín Morales / PERGAMINO, María García / TEJIDOS, -Ratania- Javier Sánchez / RADIADORES HIDRÓNICOS, -Maquinaria y Equipo Industrial Delta- Ulises Carrizales / NIVELACIÓN DE PISO,-Comercializadora Plural- Israel Estrada / ALARMAS, -Alarmas Garmont- José Manuel Díaz, Gustavo Colunga / PANTALLAS, -Rosil- Renato Rodríguez / POLARIZADOS, Carlos González / ALUMINIO Y VIDRIO, -Productos Cristalum- Gonzalo Martínez, Esteban Ruiz, Salvador Ruiz / -Aluminio y Vidrio Santa María- Bernardino Contreras / -Ventanas ANDERSEN- José Antonio Ruiz / AIRE ACONDICIONADO, -Hidrotérmica- Francisco Zayas, Norberto Vargas, Jorge Vargas, Mario Parrasalez / -Profesionales en Calefacción- , -Aire Gar-Vel- / ALBAÑILERÍA, Ricardo Guerrero Flores, Ricardo Guerrero Velásquez, Librado Copado, Florentino Moreno, Aurelio Sánchez, Pedro Trejo / Lorenzo Chaparro / Eleuterio Primero, Leonardo de Jesús, Damián Primero Camacho / Antonio García / Antonio Aguilar / Silverio Sánchez / ALFOMBRAS, Ruth Guillén / Patricia Allende, AUDIO Y VIDEO, -Video FX- Alejandro Villarreal / Eduardo Sanguino / Jorge Vélez, BARNIZ, Josué Vargas Alvarado, Abraham Alvarado, Josué Vargas / CÁLCULO ELÉCTRICO, Juan Manuel Morales / Demetrio Díaz / Edmundo Sandoval / CÁLCULO ESTRUCTURAL, -Grecon- Juan Hernández, Carlos Melchor, Pedro García / José Ignacio Fernández / CALEFACCIÓN, -Mantenimiento Arquitectónico Integral- Steven Ancona / -Hidrotérmica- Francisco Zayas, Norberto Vargas / -Calefacción y Ventilación-, -Profesionales en Calefacción- / CANTERA, Enrique Sánchez, / -Gidar- Alfonso Galván / -Cincalli- Sergio Sorio / CARPINTERÍA, Adalberto Lara, Agustín Castillo / Héctor Hernández, José Hernández Granillo / -Entorno en Madera- José Manuel Repetto, Marcos Contreras / José Antonio Vargas, Joel Vargas Dávila, Fernando Vargas / Bartolo Solís / Magdalena Solís Granados, María Mercedes Solís Granados / Federico Bernot, Alfonso Bernot / CERÁMICA, Marcelino Martínez / Avelino Miranda / COCINAS, -Cocinas Quetzal- Jorge Balcázar / -Cocinas Sevilla- Luisa Sevilla / -Cocinas Marco Polo- Trudy Jordan / ESTRUCTURA METÁLICA, -Grecon- Juan Hernández / Agustín Villafuerte / Lauro Benítez / EXCAVACIÓN, -Constructora Ocyr- Darío Ocampo / Alfonso Pérez / HERRERÍA, Agustín Villafuerte, Israel González, Israel Juárez, Oscar Mejía, Javier Contreras / Lauro Benítez, Nicolás Osorio, Florentino Maldonado / José Carlos Gómez / Porfirio Robledo / ILUMINACIÓN, David Araiza / Hugo Rodríguez / -Tecnar Iluminación- Carlos Cacique / -Mantenimiento Arquitectónico- Pedro Garza / IMPERMEABILIZACIÓN, -Tiqza Mexicana- Alfonso Quezada / Jesús Mata / INSTALACIÓN DE GAS, José Luis Soriano / Felipe García / Gabriel Hernández / INSTALACIÓN ELÉCTRICA, Carlos Cuevas / -Instalaciones de Radiam- Armando Arriaga, José Carlos Huerta, Paulino Rivera / José Luis Pichardo / INSTALACIÓN HIDROSANITARIA, Sergio Guzmán / -Instalaciones de Radiam- Armando Arriaga, José Carlos Huerta / José Luis Pichardo / JARDINERÍA, Arq. Ana Carranza / -Viveros Ojo de Agua- Consuelo Cano, Leonardo Lozada / María Elena Granados / Mariano Cue / Mónica Pérez, Celia Ochoa / LEVANTAMIENTO TOPOGRÁFICO, Francisco Castañeda / Rolando Vera / LIMPIEZA DE OBRA, -Mantenimiento- Alejandra Yáñez / MÁRMOL, -Egatam- Eduardo García, Miguel Benítez / PERSIANAS, Isabel Alverde, Salvador Ruiz Díaz / -Estudio Siete- Javier Guerrero / PINTURA, Roberto Martínez / Pascual Valencia, Carlos Valencia Jacobo / Lázaro Rubio Domínguez, Luis Roldan, Anastasio Trejo, Cristian Rubio / Guillermo Hernández / PISOS DE MADERA, -Multipisos- Guillermo Fernández, Luis Fuentes / -Martran- Pedro Martínez, Santiago Martínez / -Grupo Jager- Javier Estévez, Gerardo Estévez / -Mundo de Interiores- Fernando Martínez, Patricia Allende / RIEGO POR ASPERSIÓN,

-Hidrotérmica- Francisco Zayas, Norberto Vargas / TABLARROCA, Pascual Valencia, Carlos Valencia Jacobo / Lázaro Rubio, Luis Roldán, Anastasio Trejo / Alfredo Villa / TRÁMITES, Eduardo Said / Rafael Toledo, José Luis Valdovinos / Gilberto Márquez / Salvador Hernández / Arturo Bravo / María Leonor Ortiz, Oscar Rebollar / Paola Rojas / YESO Y FALSO PLAFÓN, Pascual Valencia, Carlos Valencia Jacobo / Lázaro Rubio, Luis Roldan, Anastasio Trejo, Cristian Rubio.

PROVEEDORES / *SUPPLIERS*

Materiales Tourne, Profermat, Material de las Lomas, Alicia Granados, José Quiroz, Cemex México, Luis Enrique Vasco, Delfino Juárez, Madererία Fortes, Antonio Fortes, Aceros y Cementos Córdoba, Viguetas y Bovedillas, Roberto Rivera, Enrique Godinez, Industrias Quetzal, Cocinas Sevilla, Recubre, El Surtidor de Observatorio, Casa Ikeda, Puertas Automáticas Grossman, Alejandro Grossman, Grupo Jager, Carlos Tinajero, César Espinosa, Cocinas Marco Polo, Comercializadora Comercial, Sanirent de México, Grupo Lauburu, José María Martín Pagaza, Dekor Internacional, Latinoamericana de Concretos, Plasbar, Alejandro Barbará, Swimquip de México, Emilio de la Parra, Frigocel Mexicana, Sanimovil de México, Concretos Rasines, Antigüedades Arquideco, Calefacción y Ventilación, Calor y Chimeneas, Comercializadora Plural, Belem Ibarra, Mantenimiento Arquitectónico Integral, Multipisos, Opción de Procesos Mexicanos, Basaltex, Bloques y Celosías, Cerámicas Mexicanas, Luz María Fuentes, Duro Rock, Fosas Sépticas Dicsa, Isidro Ovejas, Comercializadora Forestal, Talamsa, Terrazos Esmon, Yuder Lemman, Casa Vásquez, Ulises Loman, Mauricio Contreras, Gabriel Corres, Casa Alis, Distribuidora Interceramic, Maxiacero, Materiales Valdéz, Materiales Cuernavaca, Magese, Premezclados Concret, Interfire, Fernando Estrada, Ferremateriales Sagitario, José Luis Román, Marco Antonio Mojica, Javier Palacios, Ángel Vásquez, Deval Copias, Odis, Fabián Yáñez, Bronces Artísticos, José Antonio de la Macorra, Mármoles Sordo Noriega, Roberto García, Griselia Díaz.

FOTOGRAFÍA / *PHOTOGRAPHY*

Héctor Velasco Facio: casa de la terraza / casa de la luz / casa transparente / casa de la plenitud / casa nueva para la mora / casa de la cruz palmeada / casa del portal / casa del caramelo / casa del río / casa del gran muro (pgs. 130, 134-135) / casa del viento / casa de los ardillones / casa de la paloma (pgs. 164-165, 167) / casa para los encinos / casa convertible.

Luis Gordoa: casa en rojo / casa del laberinto / casa de la esquina / casa de la paloma (pgs. 160-161, 163, 166) / casa del arco cañón.

Sandra Pereznieto: casa del gran muro (pg. 132) / casa de la jacaranda.

AGRADECIMIENTO ESPECIAL / SPECIAL ACKNOWLEDGMENT

Marqcó, Covadonga Hernández, Mariangel Álvarez / David Solís y Pablo Quintana / Fotógrafo Héctor Velasco Facio / Guillermo Fernández Rionda / José Ignacio García Tames / María Luisa Díaz Vicente, Miguel Ruiz Miranda / César Carranza López / Heriberto Juárez Castañeda / Ana María Fernández Rionda / Ivonne Guzmán Zamudio / Luis Arturo Camarena / Javier Pavón / Ana Carranza / Manuel Villareal Gómez / Miguel Ruiz Díaz.